中华人民共和国
房屋建筑和市政工程
标准施工招标资格预审文件

2010 年版

《房屋建筑和市政工程标准施工招标资格预审文件》编制组

中国建筑工业出版社

图书在版编目(CIP)数据

房屋建筑和市政工程标准施工招标资格预审文件/《房屋建筑和市政工程标准施工招标资格预审文件》编制组编. —北京：中国建筑工业出版社，2010.7
 ISBN 978-7-112-12294-3

Ⅰ.①房… Ⅱ.①房… Ⅲ.①建筑工程—工程施工—招标—文件—中国②市政工程—工程施工—招标—文件—中国 Ⅳ.①TU723②TU99

中国版本图书馆 CIP 数据核字(2010)第 141131 号

责任编辑：刘　江
责任设计：赵明霞
责任校对：刘　钰　关　健

中华人民共和国
房屋建筑和市政工程标准施工招标资格预审文件
2010 年版
《房屋建筑和市政工程标准施工招标资格预审文件》编制组

*

中国建筑工业出版社出版、发行(北京西郊百万庄)
各地新华书店、建筑书店经销
北京天成排版公司制版
北京云浩印刷有限责任公司印刷

*

开本：787×1092 毫米　1/16　印张：5¾　字数：140 千字
2010 年 7 月第一版　　2010 年 11 月第二次印刷
定价：**19.00** 元
ISBN 978-7-112-12294-3
(19551)

版权所有　翻印必究
如有印装质量问题，可寄本社退换
(邮政编码　100037)

关于印发《房屋建筑和市政工程标准施工招标资格预审文件》和《房屋建筑和市政工程标准施工招标文件》的通知

建市〔2010〕88号

各省、自治区住房和城乡建设厅，直辖市建委（建设交通委），新疆生产建设兵团建设局：

  为了规范房屋建筑和市政工程施工招标资格预审文件、招标文件编制活动，促进房屋建筑和市政工程招标投标公开、公平和公正，根据《〈标准施工招标资格预审文件〉和〈标准施工招标文件〉试行规定》（国家发展改革委、财政部、建设部等九部委令第56号），我部制定了《房屋建筑和市政工程标准施工招标资格预审文件》和《房屋建筑和市政工程标准施工招标文件》，现予发布，自即日起施行。

  附件：1. 房屋建筑和市政工程标准施工招标资格预审文件（略）
     2. 房屋建筑和市政工程标准施工招标文件（略）

中华人民共和国住房和城乡建设部
二〇一〇年六月九日

《房屋建筑和市政工程标准施工招标文件》
《房屋建筑和市政工程标准施工招标资格预审文件》

编 制 人 员 名 单

编制领导小组组长：陈重

编制领导小组成员（以姓氏笔画为序）：

王　宁　　王早生　　王树平　　王素卿　　刘　哲　　刘宇昕
刘晓艳　　孙　乾　　周　韬　　徐惠琴　　隋振江

编制工作小组成员（以姓氏笔画为序）：

丁　胜　　马　丛　　王　玮　　冉　洁　　史汉星　　冯　志
朱金山　　全　河　　江　华　　李　震　　李雪飞　　杨丽坤
宋　涛　　初　勇　　张　娟　　张跃群　　陈　波　　陈现忠
林乐彬　　罗晓杰　　段广平　　逄宗展　　姚　健　　姚天玮
栗元珍　　贾朝杰　　商丽萍　　程　军　　解　菲　　缪长江
燕　平

编制专家（以姓氏笔画为序）：

于德琼　　王　宏　　田　晓　　白　松　　冯志祥　　李　强
李新忠　　邱　闯　　张　弘　　张相和　　张翠兰　　姜开义
袁利军　　董红梅

咨询专家（以姓氏笔画为序）：

王　斌　　王宏伟　　王继忠　　卢　斌　　巩崇洲　　刘耿辉
宋　红　　安连发　　江军学　　孙晓光　　杨　洋　　李新和
李德全　　杨　博　　杨瑞凡　　吴　尽　　吴志勇　　冷　振
陈益龙　　林　琳　　周　杰　　周元楼　　胡九华　　郝小兵
费翔虎　　贺志良　　顾振东　　徐德智　　郭　敏　　唐　彬
谢洪学

使 用 说 明

一、《房屋建筑和市政工程标准施工招标资格预审文件》（以下简称《行业标准施工招标资格预审文件》）是《标准施工招标资格预审文件》（国家发展和改革委员会、财政部、原建设部等九部委56号令发布）的配套文件，适用于一定规模以上，且设计和施工不是由同一承包人承担的房屋建筑和市政工程施工招标的资格预审。

二、《标准施工招标资格预审文件》第二章"申请人须知"和第三章"资格审查办法"正文部分是《行业标准施工招标资格预审文件》的组成部分。《行业标准施工招标资格预审文件》的第二章"申请人须知"和第三章"资格审查办法"正文部分均直接引用《标准施工招标资格预审文件》相同序号的章节。

三、《行业标准施工招标资格预审文件》用相同序号标示的章、节、条、款、项、目，供招标人和资格预审申请人选择使用；《行业标准施工招标资格预审文件》以空格标示的由招标人填写的内容，招标人应根据招标项目具体特点和实际需要具体化，确实没有需要填写的，在空格中用"/"标示。

除选择性内容和以空格标示的由招标人填写和补充的内容外，《行业标准施工招标资格预审文件》第二章"申请人须知"（前附表及正文）及第三章"资格审查办法"正文部分应不加修改地直接引用。选择、填空和补充的内容由招标人根据国家和地方有关法律法规及项目具体情况确定。

四、招标人按照《行业标准施工招标资格预审文件》第一章"资格预审公告"的格式发布资格预审公告后，将实际发布的资格预审公告编入出售的资格预审文件中，作为资格预审邀请。资格预审公告应同时注明发布该公告的所有媒介名称。

五、《行业标准施工招标资格预审文件》第三章"资格审查办法"分别规定合格制和有限数量制两种资格审查方法，供招标人根据招标项目具体特点和实际需要选择使用。如无特殊情况，鼓励招标人采用合格制。

第三章"资格审查办法"前附表应按试行规定要求列明全部审查因素和审查标准,并在本章(前附表及正文,包括前附表的附件和附表)标明申请人不满足其要求即不能通过资格预审的全部条款。

六、《行业标准施工招标资格预审文件》为2010年版,将根据实际执行过程中出现的问题以及《标准施工招标资格预审文件》的修订情况及时进行修改。各使用单位或个人对《行业标准施工招标资格预审文件》的修改意见和建议,可向编制工作小组反映。

联系电话:(010)58933262

_____（项目名称）_____标段施工招标

资 格 预 审 文 件

招 标 人：_____（盖单位章）

_____年_____月_____日

目　录

第一章　资格预审公告 ·· 1
　　1. 招标条件 ··· 1
　　2. 项目概况与招标范围 ··· 1
　　3. 申请人资格要求 ·· 1
　　4. 资格预审方法 ··· 2
　　5. 申请报名 ·· 2
　　6. 资格预审文件的获取 ··· 2
　　7. 资格预审申请文件的递交 ··· 2
　　8. 发布公告的媒介 ·· 3
　　9. 联系方式 ·· 3

第二章　申请人须知 ··· 4
　　申请人须知前附表 ·· 4
　　申请人须知正文部分 ··· 9
　　附表一：问题澄清通知 ··· 10
　　附表二：问题的澄清 ·· 11
　　附表三：申请文件递交时间和密封及标识检查记录表 ················· 12

第三章　资格审查办法（合格制） ··· 13
　　资格审查办法前附表 ·· 13
　　资格审查办法（合格制）正文部分 ··· 15
　　附件 A：资格审查详细程序 ·· 16
　　　　A0. 总则 ·· 16

  A1. 基本程序 …………………………………………………… 16

  A2. 审查准备工作 ……………………………………………… 16

  A3. 初步审查 …………………………………………………… 17

  A4. 详细审查 …………………………………………………… 18

  A5. 确定通过资格预审的申请人 ……………………………… 19

  A6. 特殊情况的处置程序 ……………………………………… 20

  A7. 补充条款 …………………………………………………… 21

 附表 A-1：审查委员会签到表 ………………………………… 22

 附表 A-2：初步审查记录表 …………………………………… 23

 附表 A-3：详细审查记录表 …………………………………… 24

 附表 A-4：审查结果汇总表 …………………………………… 30

 附表 A-5：通过资格预审的申请人名单 ……………………… 31

第三章　资格审查办法(有限数量制) ………………………… 32

 资格审查办法前附表 …………………………………………… 32

 资格审查办法(有限数量制)正文部分 ………………………… 34

 附件 A：资格审查详细程序 …………………………………… 35

  A0. 总则 ………………………………………………………… 35

  A1. 基本程序 …………………………………………………… 35

  A2. 审查准备工作 ……………………………………………… 35

  A3. 初步审查 …………………………………………………… 37

  A4. 详细审查 …………………………………………………… 37

  A5. 评分 ………………………………………………………… 38

  A6. 确定通过资格预审的申请人 ……………………………… 39

  A7. 特殊情况的处置程序 ……………………………………… 40

  A8. 补充条款 …………………………………………………… 41

 附表 A-1：审查委员会签到表 ………………………………… 42

 附表 A-2：初步审查记录表 …………………………………… 43

 附表 A-3：详细审查记录表 …………………………………… 44

 附表 A-4：评分记录表 ………………………………………… 50

 附表 A-5：评分汇总记录表 …………………………………… 56

附表 A-6：通过详细审查的申请人排序表 ················· 57
　　附表 A-7：通过资格预审的申请人（正选）名单 ············ 58
　　附表 A-8：通过资格预审的申请人（候补）名单 ············ 59

第四章　资格预审申请文件格式 ·························· 60
　目录 ·· 62
　一、资格预审申请函 ·· 63
　二、法定代表人身份证明 ···································· 64
　二、授权委托书 ·· 65
　三、联合体协议书 ·· 66
　四、申请人基本情况表 ······································ 68
　五、近年财务状况表 ·· 69
　六、近年完成的类似项目情况表 ······························ 70
　七、正在施工的和新承接的项目情况表 ························ 71
　八、近年发生的诉讼和仲裁情况 ······························ 72
　九、其他材料 ·· 73
　　（一）其他企业信誉情况表(年份同诉讼及仲裁情况年份要求) ······ 73
　　（二）拟投入主要施工机械设备情况表 ····················· 74
　　（三）拟投入项目管理人员情况表 ························· 75
　　（四）其他 ··· 79

第五章　项目建设概况 ································· 80

第一章 资格预审公告

_____（项目名称）_____标段施工招标
资格预审公告（代招标公告）

1. 招标条件

本招标项目_____（项目名称）已由_____（项目审批、核准或备案机关名称）以_____（批文名称及编号）批准建设，项目业主为_____，建设资金来自_____（资金来源），项目出资比例为_____，招标人为_____，招标代理机构为_____。项目已具备招标条件，现进行公开招标，特邀请有兴趣的潜在投标人（以下简称申请人）提出资格预审申请。

2. 项目概况与招标范围

_____〔说明本次招标项目的建设地点、规模、计划工期、合同估算价、招标范围、标段划分（如果有）等〕。

3. 申请人资格要求

3.1 本次资格预审要求申请人具备_____资质，_____（类似项目描述）业绩，并在人员、设备、资金等方面具备相应的施工能力，其中，申请人拟派项目经理须具备_____专业_____级注册建造师执业资格和有效的安全生产考核合格证书，且未担任其他在施建设工程项目的项目经理。

3.2 本次资格预审_____（接受或不接受）联合体资格预审申请。联合体申请资格预审的，应满足下列要求：_____。

3.3 各申请人可就本项目上述标段中的_____(具体数量)个标段提出资格预审申请，但最多允许中标_____(具体数量)个标段(适用于分标段的招标项目)。

4. 资格预审方法

本次资格预审采用_____(合格制/有限数量制)。采用有限数量制的，当通过详细审查的申请人多于_____家时，通过资格预审的申请人限定为_____家。

5. 申请报名

凡有意申请资格预审者，请于____年____月____日至____年____月____日(法定公休日、法定节假日除外)，每日上午____时至____时，下午____时至____时(北京时间，下同)，在_____(有形建筑市场/交易中心名称及地址)报名。

6. 资格预审文件的获取

6.1 凡通过上述报名者，请于____年____月____日至____年____月____日(法定公休日、法定节假日除外)，每日上午____时至____时，下午____时至____时，在_____(详细地址)持单位介绍信购买资格预审文件。

6.2 资格预审文件每套售价_____元，售后不退。

6.3 邮购资格预审文件的，需另加手续费(含邮费)_____元。招标人在收到单位介绍信和邮购款(含手续费)后_____日内寄送。

7. 资格预审申请文件的递交

7.1 递交资格预审申请文件截止时间(申请截止时间，下同)为____年____月____日____时____分，地点为_____(有形建筑市场/交易中心名称及地址)。

7.2 逾期送达或者未送达指定地点的资格预审申请文件，招标人不予受理。

8. 发布公告的媒介

本次资格预审公告同时在_____（发布公告的媒介名称）上发布。

9. 联系方式

招 标 人：_____　　招标代理机构：_____

地　　址：_____　　地　　　　址：_____

邮　　编：_____　　邮　　　　编：_____

联 系 人：_____　　联 　系 　人：_____

电　　话：_____　　电　　　　话：_____

传　　真：_____　　传　　　　真：_____

电子邮件：_____　　电 子 邮 件：_____

网　　址：_____　　网　　　　址：_____

开户银行：_____　　开 户 银 行：_____

账　　号：_____　　账　　　　号：_____

　　　　　　　　　　　　　　　　　　　_____年____月____日

第二章 申请人须知

申请人须知前附表

条款号	条款名称	编列内容
1.1.2	招标人	名称： 地址： 联系人： 电话： 电子邮件：
1.1.3	招标代理机构	名称： 地址： 联系人： 电话： 电子邮件：
1.1.4	项目名称	
1.1.5	建设地点	
1.2.1	资金来源	
1.2.2	出资比例	
1.2.3	资金落实情况	
1.3.1	招标范围	
1.3.2	计划工期	计划工期：_____日历天 计划开工日期：____年____月____日 计划竣工日期：____年____月____日
1.3.3	质量要求	质量标准：
1.4.1	申请人资质条件、能力和信誉	资质条件： 财务要求： 业绩要求：（与资格预审公告要求一致）

续表

条款号	条款名称	编列内容
1.4.1	申请人资质条件、能力和信誉	信誉要求： (1) 诉讼及仲裁情况 (2) 不良行为记录 (3) 合同履约率 项目经理资格：_____ 专业 _____级(含以上级)注册建造师执业资格和有效的安全生产考核合格证书，且未担任其他在施建设工程项目的项目经理。 其他要求： (1) 拟投入主要施工机械设备情况 (2) 拟投入项目管理人员 (3) ……
1.4.2	是否接受联合体资格预审申请	□不接受 □接受，应满足下列要求： 其中：联合体资质按照联合体协议约定的分工认定，其他审查标准按联合体协议中约定的各成员分工所占合同工作量的比例，进行加权折算
2.2.1	申请人要求澄清资格预审文件的截止时间	
2.2.2	招标人澄清资格预审文件的截止时间	
2.2.3	申请人确认收到资格预审文件澄清的时间	
2.3.1	招标人修改资格预审文件的截止时间	
2.3.2	申请人确认收到资格预审文件修改的时间	

续表

条款号	条款名称	编列内容
3.1.1	申请人需补充的其他材料	(1) 其他企业信誉情况表 (2) 拟投入主要施工机械设备情况 (3) 拟投入项目管理人员情况 ……
3.2.4	近年财务状况的年份要求	____年，指__年__月__日起至__年__月__日止。
3.2.5	近年完成的类似项目的年份要求	____年，指__年__月__日起至__年__月__日止。
3.2.7	近年发生的诉讼及仲裁情况的年份要求	____年，指__年__月__日起至__年__月__日止。
3.3.1	签字和(或)盖章要求	
3.3.2	资格预审申请文件副本份数	____份
3.3.3	资格预审申请文件的装订要求	□不分册装订 □分册装订，共分____册，分别为： _____ _____ 每册采用____方式装订，装订应牢固、不易拆散和换页，不得采用活页装订
4.1.2	封套上写明	招标人的地址： 招标人全称： ____(项目名称)____标段施工招标资格预审申请文件在___年___月___日___时___分前不得开启
4.2.1	申请截止时间	___年___月___日___时___分
4.2.2	递交资格预审申请文件的地点	
4.2.3	是否退还资格预审申请文件	□否　□是，退还安排：
5.1.2	审查委员会人数	审查委员会构成：____人，其中招标人代表____人(限招标人在职人员，且应当具备评标专家的相应的或者类似的条件)，专家____人； 审查专家确定方式：_____。

续表

条款号	条款名称	编列内容
5.2	资格审查方法	□合格制　□有限数量制
6.1	资格预审结果的通知时间	
6.3	资格预审结果的确认时间	
9	需要补充的其他内容	
9.1	词语定义	
9.1.1	类似项目	
	类似项目是指：	
9.1.2	不良行为记录	
	不良行为记录是指：	
...	......	
9.2	资格预审申请文件编制的补充要求	
9.2.1	"其他企业信誉情况表"应说明企业不良行为记录、履约率等相关情况，并附相关证明材料，年份同第3.2.7项的年份要求	
9.2.2	"拟投入主要施工机械设备情况"应说明设备来源(包括租赁意向)、目前状况、停放地点等情况，并附相关证明材料	
9.2.3	"拟投入项目管理人员情况"应说明项目管理人员的学历、职称、注册执业资格、拟任岗位等基本情况，项目经理和主要项目管理人员应附简历及相关证明材料	
9.3	通过资格预审的申请人(适用于有限数量制)	
9.3.1	通过资格预审申请人分为"正选"和"候补"两类。资格审查委员会应当根据第三章"资格审查办法(有限数量制)"第3.4.2项的排序，对通过详细审查的申请人按得分由高到低排序，将不超过第三章"资格审查办法(有限数量制)"第1条规定数量的申请人列为通过资格预审申请人(正选)，其余的申请人依次列为通过资格预审的申请人(候补)	
9.3.2	根据本章第6.1款的规定，招标人应当首先向通过资格预审申请人(正选)发出投标邀请书	

续表

条款号	条款名称	编列内容
9.3.3		因根据本章第6.3款的规定，通过资格预审申请人项目经理不能到位或者利益冲突等原因导致潜在投标人数量少于第三章"资格审查办法（有限数量制）"第1条规定的数量的，招标人应当按照通过资格预审申请人（候补）的排名次序，由高到低依次递补
9.4	监督	
		本项目资格预审活动及其相关当事人应当接受有管辖权的建设工程招标投标行政监督部门依法实施的监督
9.5	解释权	
		本资格预审文件由招标人负责解释
9.6	招标人补充的内容	
…	……	

申请人须知正文部分

直接引用中国计划出版社出版的中华人民共和国《标准施工招标资格预审文件》(2007年版)第二章"申请人须知"正文部分(第5页至第10页)。

附表一：问题澄清通知

问 题 澄 清 通 知

编号：_____

_____（申请人名称）：

　　_____（项目名称）_____标段施工招标的资格审查委员会，对你方的资格预审申请文件进行了仔细的审查，现需你方对下列问题以书面形式予以澄清、说明或者补正：

1.

2.

……

　　请将上述问题的澄清、说明或者补正于_____年_____月_____日_____时前密封递交至_____（详细地址）或传真至_____（传真号码）。采用传真方式的，应在_____年_____月_____日_____时前将原件递交至_____（详细地址）。

　　　　　　　　　　　　　　_____（项目名称）_____**标段施工招标资格审查委员会**
　　　　　　　　　　　（经资格审查委员会授权的招标人代表签字或加盖招标人单位章）

　　　　　　　　　　　　　　　　　　　　　　　_____年_____月_____日

附表二：问题的澄清

问题的澄清、说明或补正

编号：_____

_____（项目名称）_____标段施工招标资格审查委员会：

问题澄清通知(编号：_____)已收悉，现澄清、说明或者补正如下：
1.
2.

……

申请人：_____（盖单位章）

法定代表人或其委托代理人：_____（签字）

_____年_____月_____日

附表三：申请文件递交时间和密封及标识检查记录表

申请文件递交时间和密封及标识检查记录表

工程名称	＿＿＿＿＿＿（项目名称）＿＿＿＿标段		
招标人			
招标代理机构			
申请人			
申请文件递交时间	＿＿＿年＿＿＿月＿＿＿日＿＿＿时＿＿＿分		
申请文件递交地点			
密封检查情况	是否符合资格预审文件要求		
	密封用章特征简要说明		
标识检查情况	是否符合资格预审文件要求		
	标识特征简要说明		
申请人代表		日期	
招标人代表		日期	

备注：本表一式两份，招标人和申请人各留存一份备查。

第三章 资格审查办法(合格制)

资格审查办法前附表

条款号	审查因素		审查标准
2.1	初步审查标准	申请人名称	与营业执照、资质证书、安全生产许可证一致
		申请函签字盖章	有法定代表人或其委托代理人签字并加盖单位章
		申请文件格式	符合第四章"资格预审申请文件格式"的要求
		联合体申请人(如有)	提交联合体协议书,并明确联合体牵头人(如有)
		……	……
2.2	详细审查标准	营业执照	具备有效的营业执照 是否需要核验原件:□是 □否
		安全生产许可证	具备有效的安全生产许可证 是否需要核验原件:□是 □否
		资质等级	符合第二章"申请人须知"第1.4.1项规定 是否需要核验原件:□是 □否
		财务状况	符合第二章"申请人须知"第1.4.1项规定 是否需要核验原件:□是 □否
		类似项目业绩	符合第二章"申请人须知"第1.4.1项规定 是否需要核验原件:□是 □否
		信誉	符合第二章"申请人须知"第1.4.1项规定 是否需要核验原件:□是 □否
		项目经理资格	符合第二章"申请人须知"第1.4.1项规定 是否需要核验原件:□是 □否

续表

条款号	审查因素			审查标准
2.2	详细审查标准	其他要求	(1) 拟投入主要施工机械设备	符合第二章"申请人须知"第1.4.1项规定
			(2) 拟投入项目管理人员	
			……	
		联合体申请人（如有）		符合第二章"申请人须知"第1.4.2项规定
	……			……
3.1.2	核验原件的具体要求			

条款号	编列内容
3	审查程序	详见本章附件A：资格审查详细程序

资格审查办法(合格制)正文部分

直接引用中国计划出版社出版的中华人民共和国《标准施工招标资格预审文件》(2007年版)第三章"资格审查办法(合格制)"正文部分(第13页至第14页)。

附件 A：资格审查详细程序

资格审查详细程序

A0. 总则

本附件是本章"资格审查办法"的组成部分，是对本章第 3 条所规定的审查程序的进一步细化，审查委员会应当按照本附件所规定的详细程序开展并完成资格审查工作，资格预审文件中没有规定的方法和标准不得作为审查依据。

A1. 基本程序

资格审查活动将按以下五个步骤进行：
(1) 审查准备工作；
(2) 初步审查；
(3) 详细审查；
(4) 澄清、说明或补正；
(5) 确定通过资格预审的申请人及提交资格审查报告。

A2. 审查准备工作

A2.1 审查委员会成员签到

审查委员会成员到达资格审查现场时应在签到表上签到以证明其出席。审查委员会签到表见附表 A-1。

A2.2 审查委员会的分工

审查委员会首先推选一名审查委员会主任。招标人也可以直接指定审查委员会主任。审查委员会主任负责评审活动的组织领导工作。

A2.3　熟悉文件资料

A2.3.1　招标人或招标代理机构应向审查委员会提供资格审查所需的信息和数据，包括资格预审文件及各申请人递交的资格预审申请文件，经过申请人签认的资格预审申请文件递交时间和密封及标识检查记录，有关的法律、法规、规章以及招标人或审查委员会认为必要的其他信息和数据。

A2.3.2　审查委员会主任应组织审查委员会成员认真研究资格预审文件，了解和熟悉招标项目基本情况，掌握资格审查的标准和方法，熟悉本章及附件中包括的资格审查表格的使用。如果本章及附件所附的表格不能满足所需时，审查委员会应补充编制资格审查工作所需的表格。未在资格预审文件中规定的标准和方法不得作为资格审查的依据。

A2.3.3　在审查委员会全体成员在场见证的情况下，由审查委员会主任或审查委员会成员推荐的成员代表检查各个资格预审申请文件的密封和标识情况并打开密封。密封或者标识不符合要求的，资格审查委员会应当要求招标人作出说明。必要时，审查委员会可以就此向相关申请人发出问题澄清通知，要求相关申请人进行澄清和说明，申请人的澄清和说明应附上由招标人签发的"申请文件递交时间和密封及标识检查记录表"。如果审查委员会与招标人提供的"申请文件递交时间和密封及标识检查记录表"核对比较后，认定密封或者标识不符合要求系由于招标人保管不善所造成的，审查委员会应当要求相关申请人对其所递交的申请文件内容进行检查确认。

A2.4　对申请文件进行基础性数据分析和整理工作

A2.4.1　在不改变申请人资格预审申请文件实质性内容的前提下，审查委员会应当对申请文件进行基础性数据分析和整理，从而发现并提取其中可能存在的理解偏差、明显文字错误、资料遗漏等存在明显异常、非实质性问题，决定需要申请人进行书面澄清或说明的问题，准备问题澄清通知。

A2.4.2　申请人接到审查委员会发出的问题澄清通知后，应按审查委员会的要求提供书面澄清资料并按要求进行密封，在规定的时间递交到指定地点。申请人递交的书面澄清资料由审查委员会开启。

A3.　初步审查

A3.1　审查委员会根据本章第2.1款规定的审查因素和审查标准，对申请人的资格预审申请文件进行审查，并使用附表 A-2 记录审查结果。

A3.2 提交和核验原件

A3.2.1 如果本章前附表约定需要申请人提交第二章"申请人须知"第 3.2.3 项至 3.2.7 项规定的有关证明和证件的原件，审查委员会应当将提交时间和地点书面通知申请人。

A3.2.2 审查委员会审查申请人提交的有关证明和证件的原件。对存在伪造嫌疑的原件，审查委员会应当要求申请人给予澄清或者说明或者通过其他合法方式核实。

A3.3 澄清、说明或补正

在初步审查过程中，审查委员会应当就资格预审申请文件中不明确的内容，以书面形式要求申请人进行必要的澄清、说明或补正。申请人应当根据问题澄清通知，以书面形式予以澄清、说明或补正，并不得改变资格预审申请文件的实质性内容。澄清、说明或补正应当根据本章第 3.3 款的规定进行。

A3.4 申请人有任何一项初步审查因素不符合审查标准的，或者未按照审查委员会要求的时间和地点提交有关证明和证件的原件、原件与复印件不符或者原件存在伪造嫌疑且申请人不能合理说明的，不能通过资格预审。

A4. 详细审查

A4.1 只有通过了初步审查的申请人可进入详细审查。

A4.2 审查委员会根据本章第 2.2 款和第二章"申请人须知"第 1.4.1 项（前附表）规定的程序、标准和方法，对申请人的资格预审申请文件进行详细审查，并使用附表 A-3 记录审查结果。

A4.3 联合体申请人

A4.3.1 联合体申请人的资质认定

(1) 两个以上资质类别相同但资质等级不同的成员组成的联合体申请人，以联合体成员中资质等级最低者的资质等级作为联合体申请人的资质等级。

(2) 两个以上资质类别不同的成员组成的联合体，按照联合体协议中约定的内部分工分别认定联合体申请人的资质类别和等级，不承担联合体协议约定由其他成员承担的专业工程的成员，其相应的专业资质和等级不参与联合体申请人的资质和等级的认定。

A4.3.2 联合体申请人的可量化审查因素(如财务状况、类似项目业绩、信誉等)的指标考核,首先分别考核联合体各个成员的指标,在此基础上,以联合体协议中约定的各个成员的分工占合同总工作量的比例作为权重,加权折算各个成员的考核结果,作为联合体申请人的考核结果。

A4.4 澄清、说明或补正

在详细审查过程中,审查委员会应当就资格预审申请文件中不明确的内容,以书面形式要求申请人进行必要的澄清、说明或补正。申请人应当根据问题澄清通知,以书面形式予以澄清、说明或补正,并不得改变资格预审申请文件的实质性内容。澄清、说明或补正应当根据本章第3.3款的规定进行。

A4.5 审查委员会应当逐项核查申请人是否存在本章第3.2.2项规定的不能通过资格预审的任何一种情形。

A4.6 不能通过资格预审

申请人有任何一项详细审查因素不符合审查标准的,或者存在本章第3.2.2项规定的任何一种情形的,均不能通过详细审查。

A5. 确定通过资格预审的申请人

A5.1 汇总审查结果

详细审查工作全部结束后,审查委员会应按照附表A-4的格式填写审查结果汇总表。

A5.2 确定通过资格预审的申请人

凡通过初步审查和详细审查的申请人均应确定为通过资格预审的申请人。通过资格预审的申请人均应被邀请参加投标。

A5.3 通过资格预审申请人的数量不足三个

通过资格预审申请人的数量不足三个的,招标人应当重新组织资格预审或不再组织资格预审而直接招标。招标人重新组织资格预审的,应当在保证满足法定资格条件的前提下,适当降低资格预审的标准和条件。

A5.4 编制及提交书面审查报告

审查委员会根据本章第4.1项的规定向招标人提交书面审查报告。审查报告应当由全体审查委员会成员签字。审查报告应当包括以下内容：
(1) 基本情况和数据表；
(2) 审查委员会成员名单；
(3) 不能通过资格预审的情况说明；
(4) 审查标准、方法或者审查因素一览表；
(5) 审查结果汇总表；
(6) 通过资格预审的申请人名单；
(7) 澄清、说明或补正事项纪要。

A6. 特殊情况的处置程序

A6.1 关于审查活动暂停

A6.1.1 审查委员会应当执行连续审查的原则，按审查办法中规定的程序、内容、方法、标准完成全部审查工作。只有发生不可抗力导致审查工作无法继续时，审查活动方可暂停。

A6.1.2 发生审查暂停情况时，审查委员会应当封存全部申请文件和审查记录，待不可抗力的影响结束且具备继续审查的条件时，由原审查委员会继续审查。

A6.2 关于中途更换审查委员会成员

A6.2.1 除发生下列情形之一外，审查委员会成员不得在审查中途更换：
(1) 因不可抗拒的客观原因，不能到场或需在中途退出审查活动。
(2) 根据法律法规规定，某个或某几个审查委员会成员需要回避。

A6.2.2 退出审查的审查委员会成员，其已完成的审查行为无效。由招标人根据本资格预审文件规定的审查委员会成员产生方式另行确定替代者进行审查。

A6.3 记名投票

在任何审查环节中，需审查委员会就某项定性的审查结论作出表决的，由审查委员会全体成员按照少数服从多数的原则，以记名投票方式表决。

A7. 补充条款

......

附表 A-1：审查委员会签到表

审查委员会签到表

工程名称：_____ (项目名称) _____ 标段　　　　　审查时间：　　　年　　月　　日

序号	姓名	职称	工作单位	专家证号码	签到时间
1					
2					
3					
4					
5					
6					
7					

附表A-2：初步审查记录表

初步审查记录表

工程名称：_____ (项目名称)_____标段

序号	审查因素	审查标准	申请人名称和审查结论以及原件核验等相关情况说明						
1	申请人名称	与投标报名、营业执照、资质证书、安全生产许可证一致							
2	申请函签字盖章	有法定代表人或其委托代理人签字并加盖单位章							
3	申请文件格式	符合第四章"资格预审申请文件格式"的要求							
4	联合体申请人	提交联合体协议书，并明确联合体牵头人和联合体分工（如有）							
5	……	……							

初步审查结论：
通过初步审查标注为√；未通过初步审查标注为×

审查委员会全体成员签字/日期：

附表A-3：详细审查记录表

详细审查记录表

工程名称：_____ （项目名称）_____ 标段

序号	审查因素	审查标准	有效的证明材料	申请人名称及定性的审查结论以及相关情况说明			
1	营业执照	具备有效的营业执照	营业执照复印件及年检记录				
2	安全生产许可证	具备有效的安全生产许可证	建设行政主管部门核发的安全生产许可证复印件				
3	企业资质等级	符合第二章"申请人须知"第1.4.1项规定	建设行政主管部门核发的资质等级证书复印件				
4	财务状况	符合第二章"申请人须知"第1.4.1项规定	经会计师事务所或者审计机构审计的财务会计报表，包括资产负债表、损益表、现金流量表、利润表和财务状况说明书				

24

续表

序号	审查因素	审查标准	有效的证明材料	申请人名称及定性的审查结论以及相关情况说明			
5	类似项目业绩	符合第二章"申请人须知"第1.4.1项规定	中标通知书、合同协议书和工程竣工验收证书（竣工验收备案登记表）复印件				
6	信誉	符合第二章"申请人须知"第1.4.1项规定	法院或者仲裁机构作出的判决、裁决等法律文书，县级以上建设行政主管部门处罚文书，履约情况说明				
7	项目经理资格	符合第二章"申请人须知"第1.4.1项规定	建设行政主管部门核发的建造师执业资格证书、注册证书和有效的安全生产考核合格证书复印件，以及未在其他建设工程项目担任项目经理的书面承诺				

续表

序号	审查因素		审查标准	有效的证明材料	申请人名称及定性的审查结论以及相关情况说明			
8	其他要求	(1) 拟投入主要施工机械设备	符合第二章"申请人须知"第1.4.1项规定	自有设备的原始发票复印件、折旧政策、停放地点和使用状况等的说明文件，租赁设备的租赁意向书或带条件生效的租赁合同复印件				
		(2) 拟投入项目管理人员	符合第二章"申请人须知"第1.4.2项规定	相关证书、证件、合同协议书和工程竣工验收证书（竣工验收备案登记表）复印件				
		(3)						
9	联合体申请人			联合体协议书及联合体各成员单位提供的上述详细审查因素所需的证明材料				

26

续表

序号	审查因素	审查标准	有效的证明材料	申请人名称及定性的审查结论以及相关情况说明			
		第二章"申请人须知"第1.4.3项规定的申请人不得存在的情形审查情况记录					
1	独立法人资格	不是招标人不具备独立法人资格的附属机构(单位)	企业法人营业执照复印件				
2	设计或咨询服务	没有为本项目前期准备提供设计或咨询服务,但设计施工总承包除外	由申请人的法定代表人或其委托代理人签字并加盖单位章的书面承诺文件				
3	与监理人关系	不是本项目监理人或者与本项目监理人不存在属于同一法人代表人或者相互控股或者参股关系	营业执照复印件以及由申请人的法定代表人或其委托代理人签字并加盖单位章的书面承诺文件				
4	与代建人关系	不是本项目代建人或者与本项目代建人的法定代表人不是同一人或者不存在相互控股或者参股关系	营业执照复印件以及由申请人的法定代表人或其委托代理人签字并加盖单位章的书面承诺文件				

续表

序号	审查因素	审查标准	有效的证明材料	申请人名称及定性的审查结论以及相关情况说明			
5	与招标代理机构关系	不是本项目招标代理机构或者与本项目招标代理机构的法定代表人不是同一人或者不存在相互控股或者参股关系	营业执照复印件以及由申请人的法定代表人或其委托代理人签字并加盖单位章的书面承诺文件				
6	生产经营状态	没有被责令停业	营业执照复印件以及由申请人的法定代表人或其委托代理人签字并加盖单位章的书面承诺文件				
7	投标资格	没有被暂停或者取消投标资格	由申请人的法定代表人或其委托代理人签字并加盖单位章的书面承诺文件				
8	履约历史	近三年没有骗取中标和严重违约及重大工程质量问题	由申请人的法定代表人或其委托代理人签字并加盖单位章的书面承诺文件				

续表

序号	审查因素	审查标准	有效的证明材料	申请人名称及定性的审查结论以及相关情况说明				
				第三章"资格审查办法"第3.2.2项(1)和(3)目规定的情形审查情况记录				
1	澄清和说明情况	按照审查委员会要求澄清、说明或者补正	审查委员会成员的判断					
2	申请人在资格预审过程中遵章守法	没有发现申请人存在弄虚作假、行贿或者其他违法违规行为	由申请人的法定代表人或其委托代理人签字并加盖单位的书面承诺文件以及审查委员会成员的判断					

详细审查结论:
通过详细审查标注为√;未通过详细审查标注为×

审查委员会全体成员签字/日期:

附表 A-4：审查结果汇总表

资格预审审查结果汇总表

工程名称：_____(项目名称)_____标段

序号	申请人名称	初步审查		详细评审		审查结论	
		合格	合格	合格	不合格	合格	不合格
审查委员会全体成员签字/日期：							

附表 A-5：通过资格预审的申请人名单

通过资格预审的申请人名单

工程名称：_____(项目名称)_____标段

序号	申请人名称	备 注
审查委员会全体成员签字/日期：		

备注：本表中通过资格预审的申请人排名不分先后。

第三章 资格审查办法(有限数量制)

资格审查办法前附表

条款号	条款名称		编列内容
1	通过资格预审的人数		当通过详细审查的申请人多于_____家时,通过资格预审的申请人限定为_____家
2	审查因素		审查标准
2.1	初步审查标准	申请人名称	与营业执照、资质证书、安全生产许可证一致
		申请函签字盖章	有法定代表人或其委托代理人签字并加盖单位章
		申请文件格式	符合第四章"资格预审申请文件格式"的要求
		联合体申请人(如有)	提交联合体协议书,并明确联合体牵头人
		……	……
2.2	详细审查标准	营业执照	具备有效的营业执照 是否需要核验原件:□是 □否
		安全生产许可证	具备有效的安全生产许可证 是否需要核验原件:□是 □否
		资质等级	符合第二章"申请人须知"第1.4.1项规定 是否需要核验原件:□是 □否
		财务状况	符合第二章"申请人须知"第1.4.1项规定 是否需要核验原件:□是 □否
		类似项目业绩	符合第二章"申请人须知"第1.4.1项规定 是否需要核验原件:□是 □否
		信誉	符合第二章"申请人须知"第1.4.1项规定 是否需要核验原件:□是 □否

续表

条款号	条款名称			编列内容
2.2	详细审查标准	项目经理资格		符合第二章"申请人须知"第1.4.1项规定 是否需要核验原件：□是 □否
		其他要求	(1) 拟投入主要施工机械设备	符合第二章"申请人须知"第1.4.1项规定
			(2) 拟投入项目管理人员	
			……	
		联合体申请人（如有）		符合第二章"申请人须知"第1.4.2项规定
		……		……
2.3	评分标准	评分因素		评分标准
		财务状况		……
		项目经理		
		类似项目业绩		……
		认证体系		……
		信誉		……
		生产资源		
		……		……
3.1.2	核验原件的具体要求			

条款号	编列内容
3	审查程序	详见本章附件A：资格审查详细程序

资格审查办法(有限数量制)正文部分

直接引用中国计划出版社出版的中华人民共和国《标准施工招标资格预审文件》(2007年版)第三章"资格审查办法(有限数量制)"正文部分(第17页至第18页)。

附件 A：资格审查详细程序

资格审查详细程序

A0. 总则

本附件是本章"资格审查办法"的组成部分，是对本章第 3 条所规定的审查程序的进一步细化，审查委员会应当按照本附件所规定的详细程序开展并完成资格审查工作，资格预审文件中没有规定的方法和标准不得作为审查依据。

A1. 基本程序

资格审查活动将按以下六个步骤进行：
（1）审查准备工作；
（2）初步审查；
（3）详细审查；
（4）澄清、说明或补正；
（5）评分
（6）确定通过资格预审的申请人（正选）、通过资格预审的申请人（候补）及提交资格审查报告。

A2. 审查准备工作

A2.1 审查委员会成员签到

审查委员会成员到达资格审查现场时应在签到表上签到以证明其出席。审查委员会签到表见附表 A-1。

A2.2 审查委员会的分工

审查委员会首先推选一名审查委员会主任。招标人也可以直接指定审查委员会主任。审查委员会主任负责评审活动的组织领导工作。

A2.3 熟悉文件资料

A2.3.1 招标人或招标代理机构应向审查委员会提供资格审查所需的信息和数据，包括资格预审文件及各申请人递交的资格预审申请文件，经过申请人签认的资格预审申请文件递交时间和密封及标识检查记录，有关的法律、法规、规章以及招标人或审查委员会认为必要的其他信息和数据。

A2.3.2 审查委员会主任应组织审查委员会成员认真研究资格预审文件，了解和熟悉招标项目基本情况，掌握资格审查的标准和方法，熟悉本章及附件中包括的资格审查表格的使用。如果本章及附件所附的表格不能满足所需时，审查委员会应补充编制资格审查工作所需的表格。未在资格预审文件中规定的标准和方法不得作为资格审查的依据。

A2.3.3 在审查委员会全体成员在场见证的情况下，由审查委员会主任或审查委员会成员推荐的成员代表检查各个资格预审申请文件的密封和标识情况并打开密封。密封或者标识不符合要求的，资格审查委员会应当要求招标人作出说明。必要时，审查委员会可以就此向相关申请人发出问题澄清通知，要求相关申请人进行澄清和说明，申请人的澄清和说明应附上由招标人签发的"申请文件递交时间和密封及标识检查记录表"。如果审查委员会与招标人提供的"申请文件递交时间和密封及标识检查记录表"核对比较后，认定密封或者标识不符合要求系由于招标人保管不善所造成的，审查委员会应当要求相关申请人对其所递交的申请文件内容进行检查确认。

A2.4 对申请文件进行基础性数据分析和整理工作

A2.4.1 在不改变申请人资格预审申请文件实质性内容的前提下，审查委员会应当对申请文件进行基础性数据分析和整理，从而发现并提取其中可能存在的理解偏差、明显文字错误、资料遗漏等存在明显异常、非实质性问题，决定需要申请人进行书面澄清或说明的问题，准备问题澄清通知。

A2.4.2 申请人接到审查委员会发出的问题澄清通知后，应按审查委员会的要求提供书面澄清资料并按要求进行密封，在规定的时间递交到指定地点。申请人递交的书面澄清资料由审查委员会开启。

A3. 初步审查

A3.1 审查委员会根据本章第 2.1 款规定的审查因素和审查标准，对申请人的资格预审申请文件进行审查，并使用附表 A-2 记录审查结果。

A3.2 提交和核验原件

A3.2.1 如果本章前附表约定需要申请人提交第二章"申请人须知"第 3.2.3 项至 3.2.7 项规定的有关证明和证件的原件，审查委员会应当将提交时间和地点书面通知申请人。

A3.2.2 审查委员会审查申请人提交的有关证明和证件的原件。对存在伪造嫌疑的原件，审查委员会应当要求申请人给予澄清或者说明或者通过其他合法方式进行核实。

A3.3 澄清、说明或补正

在初步审查过程中，审查委员会应当就资格预审申请文件中不明确的内容，以书面形式要求申请人进行必要的澄清、说明或补正。申请人应当根据问题澄清通知，以书面形式予以澄清、说明或补正，并不得改变资格预审申请文件的实质性内容。澄清、说明或补正应当根据本章第 3.3 款的规定进行。

A3.4 申请人有任何一项初步审查因素不符合审查标准的，或者未按照审查委员会要求的时间和地点提交有关证明和证件的原件、原件与复印件不符或者原件存在伪造嫌疑且申请人不能合理说明的，不能通过资格预审。

A4. 详细审查

A4.1 只有通过了初步审查的申请人可进入详细审查。

A4.2 审查委员会根据本章第 2.2 款和第二章"申请人须知"第 1.4.1 项（前附表）规定的程序、标准和方法，对申请人的资格预审申请文件进行详细审查，并使用附表 A-3 记录审查结果。

A4.3 联合体申请人

A4.3.1 联合体申请人的资质认定

（1）两个以上资质类别相同但资质等级不同的成员组成的联合体申请人，以联合体成员中资质等级最低者的资质等级作为联合体申请人的资质等级。

（2）两个以上资质类别不同的成员组成的联合体，按照联合体协议中约定的内部分工分别认定联合体申请人的资质类别和等级，不承担联合体协议约定由其他成员承担的专业工程的成员，其相应的专业资质和等级不参与联合体申请人的资质和等级的认定。

A4.3.2 联合体申请人的可量化审查因素（如财务状况、类似项目业绩、信誉等）的指标考核，首先分别考核联合体各个成员的指标，在此基础上，以联合体协议中约定的各个成员的分工占合同总工作量的比例作为权重，加权折算各个成员的考核结果，作为联合体申请人的考核结果。

A4.4 澄清、说明或补正

在详细审查过程中，审查委员会应当就资格预审申请文件中不明确的内容，以书面形式要求申请人进行必要的澄清、说明或补正。申请人应当根据问题澄清通知，以书面形式予以澄清、说明或补正，并不得改变资格预审申请文件的实质性内容。澄清、说明或补正应当根据本章第3.3款的规定进行。

A4.5 审查委员会应当逐项核查申请人是否存在本章第3.2.2项规定的不能通过资格预审的任何一种情形。

A4.6 不能通过详细审查

申请人有任何一项详细审查因素不符合审查标准的，或者存在本章第3.2.2项规定的任何一种情形的，均不能通过详细审查。

A5. 评分

A5.1 审查委员会进行评分的条件

A5.1.1 通过详细审查的申请人超过本章第1条（前附表）规定的数量时，审查委员会按照本章第2.3款规定的评分标准进行评分。

A5.1.2 按照本章第3.4.1项的规定，通过详细审查的申请人不少于3个且没有超过本章第1条（前附表）规定数量的，审查委员会不再进行评分，通过详细审查的申请人均通过资格预审。

A5.2 审查委员会进行评分的对象

审查委员会只对通过详细审查的申请人进行评分。

A5.3 评分

A5.3.1 审查委员会成员根据本章第2.3款规定的标准，分别对通过详细审查的申请人进行评分，并使用附表A-4记录评分结果。

A5.3.2 申请人各个评分因素的最终得分为审查委员会各个成员评分结果的算术平均值，并以此计算各个申请人的最终得分。审查委员会使用附表A-5记录评分汇总结果。

A5.3.3 评分分值计算保留小数点后两位，小数点后第三位四舍五入。

A5.4 通过详细审查的申请人排序

A5.4.1 审查委员会根据附表A-5的评分汇总结果，按申请人得分由高到低的顺序进行排序，并使用附表A-6记录排序结果。

A5.4.2 审查委员会对申请人进行排序时，如果出现申请人最终得分相同的情况，以评分因素中针对项目经理的得分高低排定名次，项目经理的得分也相同时，以评分因素中针对类似项目业绩的得分高低排定名次。

A6. 确定通过资格预审的申请人

A6.1 确定通过资格预审的申请人（正选）

审查委员会应当根据附表A-6的排序结果和本章第1条（前附表）规定的数量，按申请人得分由高到低顺序，确定通过资格预审的申请人名单，并使用附表A-7记录确定结果。

A6.2 确定通过资格预审的申请人（候补）

A6.2.1 审查委员会应当根据附表A-6的排序结果，对未列入附表A-7中的通过详细审查的其他申请人按照得分由高到低的顺序，确定带排序的候补通过资格预审的申请人名单，并使用附表A-8记录确定结果。

A6.2.2 如果审查委员会确定的通过资格预审的申请人（正选）未在第二章"申请人须知"前附表规定的时间内确认是否参加投标、明确表示放弃投标或者根据有关规定被拒绝投标时，招标人应从附表A-8记录的通过资格预审申请人（候补）中按照排序依次递补，作为通过资格预审的申请人。

A6.2.3 按照第二章"申请人须知"第 6.3 款，经过递补后，潜在投标人数量不足 3 个的，招标人应重新组织资格预审或者不再组织资格预审而直接招标。

A6.3　通过详细审查的申请人数量不足三个

通过详细审查的申请人数量不足三个的，招标人应当重新组织资格预审或不再组织资格预审而直接招标。招标人重新组织资格预审的，应当在保证满足法定资格条件的前提下，适当降低资格预审的标准和条件。

A6.4　编制及提交书面审查报告

审查委员会根据本章第 4.1 项的规定向招标人提交书面审查报告。审查报告应当由全体审查委员会成员签字。审查报告应当包括以下内容：

（1）基本情况和数据表；

（2）审查委员会成员名单；

（3）不能通过资格预审的情况说明；

（4）审查标准、方法或者审查因素一览表；

（5）审查结果汇总表；

（6）通过资格预审的申请人（正选）名单；

（7）通过资格预审申请人（候补）名单；

（8）澄清、说明或补正事项纪要。

A7. 特殊情况的处置程序

A7.1　关于审查活动暂停

A7.1.1 审查委员会应当执行连续审查的原则，按审查办法中规定的程序、内容、方法、标准完成全部审查工作。只有发生不可抗力导致审查工作无法继续时，审查活动方可暂停。

A7.1.2 发生审查暂停情况时，审查委员会应当封存全部申请文件和审查记录，待不可抗力的影响结束且具备继续审查的条件时，由原审查委员会继续审查。

A7.2　关于中途更换审查委员会成员

A7.2.1　除发生下列情形之一外,审查委员会成员不得在审查中途更换:
(1) 因不可抗拒的客观原因,不能到场或需在中途退出审查活动。
(2) 根据法律法规规定,某个或某几个审查委员会成员需要回避。

A7.2.2　退出审查的审查委员会成员,其已完成的审查行为无效。由招标人根据本资格预审文件规定的审查委员会成员产生方式另行确定替代者进行审查。

A7.3　记名投票

在任何审查环节中,需审查委员会就某项定性的审查结论作出表决的,由审查委员会全体成员按照少数服从多数的原则,以记名投票方式表决。

A8.　补充条款

　　……

附表 A-1：审查委员会签到表

审查委员会签到表

工程名称：_____(项目名称)_____标段　　　审查时间： 年 月 日

序号	姓名	职称	工作单位	专家证号码	签到时间
1					
2					
3					
4					
5					
6					
7					

附表 A-2：初步审查记录表

初步审查记录表

工程名称：_____ (项目名称) _____ 标段

序号	审查因素	审查标准	申请人名称和审查结论以及原件核验等相关情况说明					
1	申请人名称	与投标报名、营业执照、资质证书、安全生产许可证一致						
2	申请函签字盖章	有法定代表人或其委托代理人签字并加盖单位章						
3	申请文件格式	符合第四章"资格预审申请文件格式"的要求						
4	联合体申请人	提交联合体协议书，并明确联合体牵头人和联合体分工（如有）						
5	……	……						

初步审查结论：
通过初步审查标注为√；未通过初步审查标注×

审查委员会全体成员签字/日期：

43

附表 A-3：详细审查记录表

详细审查记录表

工程名称：_____ （项目名称）_____ 标段

序号	审查因素	审查标准	有效的证明材料	申请人名称及定性的审查结论以及相关情况说明			
1	营业执照	具备有效的营业执照	营业执照复印件及年检记录				
2	安全生产许可证	具备有效的安全生产许可证	建设行政主管部门核发的安全生产许可证复印件				
3	企业资质等级	符合第二章"申请人须知"第1.4.1项规定	建设行政主管部门核发的资质等级证书复印件				
4	财务状况	符合第二章"申请人须知"第1.4.1项规定	经会计师事务所或者审计机构审计的财务会计报表，包括资产负债表、损益表、现金流量表、利润表和财务状况说明书				

44

续表

序号	审查因素	审查标准	有效的证明材料	申请人名称及定性的审查结论以及相关情况说明			
5	类似项目业绩	符合第二章"申请人须知"第1.4.1项规定	中标通知书,合同协议书和工程竣工验收证书(竣工验收备案登记表)复印件				
6	信誉	符合第二章"申请人须知"第1.4.1项规定	法院或者仲裁机构作出的判决、裁决等法律文书,县级以上建设行政主管部门处罚文书,履约情况说明				
7	项目经理资格	符合第二章"申请人须知"第1.4.1项规定	建设行政主管部门核发的建造师执业资格证书、注册证书和有效的安全生产考核合格证书复印件,以及未在其他施工建设项目担任项目经理的书面承诺				

45

续表

序号	审查因素		审查标准	有效的证明材料	申请人名称及定性的审查结论以及相关情况说明			
8	其他要求	(1) 拟投入主要施工机械设备	符合第二章"申请人须知"第1.4.1项规定	自有设备的原始发票复印件、折旧政策、停放地点和使用状况等的说明文件，租赁设备的租赁意向书或带条件生效的租赁合同复印件				
		(2) 拟投入项目管理人员	符合第二章"申请人须知"第1.4.2项规定	相关证书、证件、合同协议书和工程竣工验收证书（竣工验收备案登记表）复印件				
9	联合体申请人			联合体协议书及联合体各成员单位提供的上述详细审查因素所需的证明材料				

46

续表

序号	审查因素	审查标准	有效的证明材料	申请人名称及定性的审查结论以及相关情况说明	
				申请人不得存在的情形审查情况记录	
		第二章"申请人须知"第1.4.3项规定的申请人不得存在的情形			
1	独立法人资格	不是招标人不具备独立法人资格的附属机构（单位）	企业法人营业执照复印件		
2	设计或咨询服务	没有为本项目前期准备提供设计或咨询服务，但设计施工总承包除外	由申请人的法定代表人或其委托代理人签字并加盖单位章的书面承诺文件		
3	与监理人关系	不是本项目监理人或者与本项目监理人不存在表属关系或者人或者相互控股或者参股关系	营业执照复印件以及由申请人的法定代表人或其委托代理人签字并加盖单位章的书面承诺文件		
4	与代建人关系	不是本项目代建人或者与本项目代建人的法定代表人不是同一人或者存在相互控股或者参股关系	营业执照复印件以及由申请人的法定代表人或其委托代理人签字并加盖单位章的书面承诺文件		

47

续表

序号	审查因素	审查标准	有效的证明材料	申请人名称及定性审查结论以及相关情况说明			
5	与招标代理机构关系	不是本项目招标代理机构或者与本项目招标代理机构的法定代表人不是同一人或者不存在相互控股或者参股关系	营业执照复印件以及由申请人的法定代表人或其委托代理人签字并加盖单位章的书面承诺文件				
6	生产经营状态	没有被责令停业	营业执照复印件以及由申请人的法定代表人或其委托代理人签字并加盖单位章的书面承诺文件				
7	投标资格	没有被暂停或者取消投标资格	由申请人的法定代表人或其委托代理人签字并加盖单位章的书面承诺文件				
8	履约历史	近三年没有骗取中标和严重违约及重大工程质量问题	由申请人的法定代表人或其委托代理人签字并加盖单位章的书面承诺文件				

续表

申请人名称及定性的审查结论以及相关情况说明

序号	审查因素	审查标准	有效的证明材料	规定的情形审查情况记录					
				第三章"资格审查办法"第3.2.2项(1)和(3)目					
1	澄清和说明情况	按照审查委员会要求澄清、说明或者补正	审查委员会成员的判断						
2	申请人在资格预审过程中遵章守法	没有发现存在弄虚作假、行贿或者其他违法违规行为	由申请人的法定代表人或其委托代理人签字并加盖单位章的书面承诺文件以及审查委员会成员的判断						

详细审查结论：
通过详细审查标注为√；未通过详细审查标注为×

审查委员会全体成员签字/日期：

49

附表 A-4：评分记录表

评分记录表——财务状况

工程名称：＿＿＿＿＿（项目名称）＿＿＿＿标段　　申请人名称：＿＿＿＿＿　　审查委员会成员姓名：＿＿＿＿＿

序号	评分因素		标准分		评分标准	分项得分	合计得分	备注
			分项	合计				
Ⅰ	财务状况	1	净资产总值（以近＿＿年平均值为准）	＿＿分	超过＿＿（含）万元　＿＿分 超过＿＿（含）万元　＿＿分 不足＿＿万元（不含）　＿＿分			
		2	资产负债率（以近＿＿年平均值为准）	＿＿分	不超过＿＿％（不含）　＿＿分 超过＿＿％（含）但不超过＿＿％　＿＿分 超过＿＿％（含）　＿＿分			
		3	＿＿年度银行授信余额	＿＿分	大于＿＿万元（含）　＿＿分			
		4	……	＿＿分	＿＿分 ＿＿分 ＿＿分			

50

续表

序号	评分因素		标准分		评分标准	分项得分	合计得分	备注
			分项	合计				
Ⅱ 项目经理	1	职称	___分	___分	高级工程师(含)以上 ___分			
					中级职称 ___分			
					其他 ___分			
	2	学历	___分		全日制大学本科(含)以上 ___分			
					全日制大学专科 ___分			
					其他 ___分			
	3	类似项目业绩	___分		以项目经理身份主持过三个以上(含)类似项目 ___分			
					以项目经理身份主持过两个类似项目 ___分			
					以项目经理身份主持过一个类似项目 ___分			
	4	……	___分		___分			
					___分			

51

续表

序号	评分因素		标准分		评分标准	分项得分	合计得分	备注
			分项	合计				
Ⅲ	类似项目业绩	1	近__年类似项目业绩	__分	有1个	__分		
					每增加一个	__分		
					无同类工程业绩	__分		
Ⅳ	认证体系	1	认证体系	__分	已经取得ISO 9000质量管理体系认证且运行情况良好	__分		
					已经取得ISO 14000环境管理体系认证且运行情况良好	__分		
					已经取得OHSAS 18000职业安全健康管理体系认证且运行情况良好	__分		
						__分		
						__分		
						__分		

52

续表

序号	评分因素		标准分		评分标准	分项得分	合计得分	备注
			分项	合计				
Ⅴ 信誉	1	近__年诉讼和仲裁情况	__分	__分	没有涉及与工程承包合同的签订或履行有关的法律诉讼或仲裁，或虽有但无败诉	__分		
					作为原告或被告曾有败诉记录少于3个（不含）	__分		
					作为原告或被告曾有败诉记录多于3个（含）	__分		
	2	近__年不良行为记录	__分		没有任何不良行为记录	__分		
					有3个以下（不含）不良行为记录	__分		
					有3个以上（含）不良行为记录	__分		
	3	近__年施工总承包合同履约率	__分		合同履约率100%	__分		合同履约率指按期竣工、质量符合合同约定，尤其是没有因非不可抗力因素
					合同履约率95%（含）以上	__分		
					合同履约率不足95%（不含）	__分		
	4	……						

续表

序号	评分因素	标准分		评分标准	分项得分	合计得分	备注
		分项	合计				
Ⅵ 拟投入生产资源之一	1 自有施工机械设备情况	—分	—分	数量充足、性能可靠 —分 数量合理、性能基本可靠 —分 数量不足、性能不够可靠 —分			
	2 市场租赁施工机械设备情况	—分		数量合理、性能可靠、来源有保障 —分 数量偏多、性能可靠、来源有保障 —分 数量偏多、性能和来源存在不确定性 —分			
	3 拟投入主要施工机械设备总体情况	—分		配置合理、满足工程施工需要 —分 配置基本合理、基本满足工程施工需要 —分 配置欠合理或者来源存在不确定性 —分			

续表

序号	评分因素		标准分		评分标准	分项得分	合计得分	备注
			分项	合计				
Ⅵ	拟投入生产资源之二	1	拟派项目管理人员构成	—分	人员配备合理，专业齐全 —分			
					人员配备情况一般，专业基本齐全 —分			
					人员配备欠合理，专业不够齐全 —分			
		2	在施工程和新承接工程情况	—分	在施及新承接的工程规模（与企业规模和实力相比）适中 —分			
					在施及新承接的工程规模过大，占用资源过多 —分			
					在施及新承接的工程规模过小，缺乏市场竞争力 —分			
		3	……					
					得分总计			

审查委员会成员签字/日期：

附表 A-5：评分汇总记录表

评分汇总记录表

审查委员会成员姓名	通过详细审查的申请人名称及其评定得分							
1：								
2：								
3：								
4：								
5：								
6：								
7：								
8：								
9：								
各成员评分合计								
各成员评分平均值								
申请人最终得分								

审查委员会全体成员签字/日期：

附表 A-6：通过详细审查的申请人排序表

通过详细审查的申请人排序表

工程名称：_____(项目名称)_____标段

序号	申请人名称	评分结果	备 注
1			
2			
3			
4			
5			
6			
7			
8			
9			
10			
11			

审查委员会全体成员签字/日期：

备注：本表中申请人按评分结果的得分由高到低排序。

附表 A-7：通过资格预审的申请人(正选)名单

通过资格预审的申请人(正选)名单

工程名称：_____(项目名称)_____标段

序号	申请人名称	评分结果	备注
审查委员会全体成员签字/日期：			

备注：本表中申请人按评分结果的得分由高到低排序。

附表 A-8：通过资格预审的申请人(候补)名单

通过资格预审的申请人(候补)名单

工程名称：_____(项目名称)_____标段

序号	申请人名称	评分结果	备 注
审查委员会全体成员签字/日期：			

备注：本表中申请人按评分结果的得分由高到低排序。

第四章　资格预审申请文件格式

_____（项目名称）_____标段施工招标

资格预审申请文件

申请人：_____（盖单位章）
法定代表人或其委托代理人：_____（签字）
_____年_____月_____日

目 录

一、资格预审申请函

二、法定代表人身份证明

二、授权委托书

三、联合体协议书

四、申请人基本情况表

五、近年财务状况表

六、近年完成的类似项目情况表

七、正在施工的和新承接的项目情况表

八、近年发生的诉讼和仲裁情况

九、其他材料

 （一）其他企业信誉情况表（年份同诉讼及仲裁情况年份要求）

 （二）拟投入主要施工机械设备情况表

 （三）拟投入项目管理人员情况表

……

一、资格预审申请函

_____（招标人名称）：

1. 按照资格预审文件的要求，我方（申请人）递交的资格预审申请文件及有关资料，用于你方（招标人）审查我方参加_____（项目名称）_____标段施工招标的投标资格。

2. 我方的资格预审申请文件包含第二章"申请人须知"第3.1.1项规定的全部内容。

3. 我方接受你方的授权代表进行调查，以审核我方提交的文件和资料，并通过我方的客户，澄清资格预审申请文件中有关财务和技术方面的情况。

4. 你方授权代表可通过_____（联系人及联系方式）得到进一步的资料。

5. 我方在此声明，所递交的资格预审申请文件及有关资料内容完整、真实和准确，且不存在第二章"申请人须知"第1.4.3项规定的任何一种情形。

申请人：_____（盖单位章）

法定代表人或其委托代理人：_____（签字）

电话：_____

传真：_____

申请人地址：_____

邮政编码：_____

_____年_____月_____日

二、法定代表人身份证明

申 请 人：_____

单位性质：_____

地　 址：_____

成立时间：_____年_____月_____日

经营期限：_____

姓　 名：_____　性　 别：_____

年　 龄：_____　职　 务：_____

系_____(申请人名称)的法定代表人。

特此证明。

申请人：_____(盖单位章)

_____年_____月_____日

二、授权委托书

本人_____(姓名)系_____(申请人名称)的法定代表人，现委托_____(姓名)为我方代理人。代理人根据授权，以我方名义签署、澄清、说明、补正、递交、撤回、修改_____(项目名称)_____标段施工招标资格预审申请文件，其法律后果由我方承担。

委托期限：_____

_____。

代理人无转委托权。

附：法定代表人身份证明

申 请 人：_____(盖单位章)
法定代表人：_____(签字)
身份证号码：_____
委托代理人：_____(签字)
身份证号码：_____
_____年_____月_____日

三、联合体协议书

牵头人名称：_____

法定代表人：_____

法定住所：_____

成员二名称：_____

法定代表人：_____

法定住所：_____

......

鉴于上述各成员单位经过友好协商，自愿组成_____（联合体名称）联合体，共同参加_____（招标人名称）（以下简称招标人）_____（项目名称）_____标段（以下简称本工程）的施工招标资格预审和投标并争取赢得本工程施工承包合同（以下简称合同）。现就联合体投标事宜订立如下协议：

1. _____（某成员单位名称）为_____（联合体名称）牵头人。

2. 在本工程投标阶段，联合体牵头人合法代表联合体各成员负责本工程资格预审申请文件和投标文件编制活动，代表联合体提交和接收相关的资料、信息及指示，并处理与资格预审、投标和中标有关的一切事务；联合体中标后，联合体牵头人负责合同订立和合同实施阶段的主办、组织和协调工作。

3. 联合体将严格按照资格预审文件和招标文件的各项要求，递交资格预审申请文件和投标文件，履行投标义务和中标后的合同，共同承担合同规定的一切义务和责任，联合体各成员单位按照内部职责的划分，承担各自所负的责任和风险，并向招标人承担连带责任。

4. 联合体各成员单位内部的职责分工如下：_____
_____。
按照本条上述分工，联合体成员单位各自所承担的合同工作量比例如下：_____
_____。

5. 资格预审和投标工作以及联合体在中标后工程实施过程中的有关费用按各自承担的工作量分摊。

6. 联合体中标后，本联合体协议是合同的附件，对联合体各成员单位有合同约束力。

7. 本协议书自签署之日起生效，联合体未通过资格预审、未中标或者中标时合同履行完毕后自动失效。

8. 本协议书一式_____份，联合体成员和招标人各执一份。

    牵头人名称：_____（盖单位章）

    法定代表人或其委托代理人：_____（签字）

    成员二名称：_____（盖单位章）

    法定代表人或其委托代理人：_____（签字）

    ……

            _____年_____月_____日

备注：本协议书由委托代理人签字的，应附法定代表人签字的授权委托书。

四、申请人基本情况表

申请人名称					
注册地址			邮政编码		
联系方式	联系人		电话		
	传真		网址		
组织结构					
法定代表人	姓名		技术职称		电话
技术负责人	姓名		技术职称		电话
成立时间			员工总人数：		
企业资质等级		其中	项目经理		
营业执照号			高级职称人员		
注册资本金			中级职称人员		
开户银行			初级职称人员		
账号			技工		
经营范围					
体系认证情况	说明：通过的认证体系、通过时间及运行状况				
备注					

五、近年财务状况表

近年财务状况表指经过会计师事务所或者审计机构的审计的财务会计报表，以下各类报表中反映的财务状况数据应当一致，如果有不一致之处，以不利于申请人的数据为准。

（一）近年资产负债表

（二）近年损益表

（三）近年利润表

（四）近年现金流量表

（五）财务状况说明书

备注：除财务状况总体说明外，本表应特别说明企业净资产，招标人也可根据招标项目具体情况要求说明是否拥有有效期内的银行 AAA 资信证明、本年度银行授信总额度、本年度可使用的银行授信余额等。

六、近年完成的类似项目情况表

类似项目业绩须附合同协议书和竣工验收备案登记表复印件。

项目名称	
项目所在地	
发包人名称	
发包人地址	
发包人电话	
合同价格	
开工日期	
竣工日期	
承包范围	
工程质量	
项目经理	
技术负责人	
总监理工程师及电话	
项目描述	
备　　注	

七、正在施工的和新承接的项目情况表

正在施工和新承接项目须附合同协议书或者中标通知书复印件。

项目名称	
项目所在地	
发包人名称	
发包人地址	
发包人电话	
签约合同价	
开工日期	
计划竣工日期	
承包范围	
工程质量	
项目经理	
技术负责人	
总监理工程师及电话	
项目描述	
备 注	

八、近年发生的诉讼和仲裁情况

类别	序号	发生时间	情 况 简 介	证明材料索引
诉讼情况				
仲裁情况				

备注：近年发生的诉讼和仲裁情况仅限于申请人败诉的，且与履行施工承包合同有关的案件，不包括调解结案以及未裁决的仲裁或未终审判决的诉讼。

九、其他材料

(一) 其他企业信誉情况表(年份同诉讼及仲裁情况年份要求)

1. 企业不良行为记录情况主要是近年申请人在工程建设过程中因违反有关工程建设的法律、法规、规章或强制性标准和执业行为规范，经县级以上建设行政主管部门或其委托的执法监督机构查实和行政处罚，形成的不良行为记录。应当结合第二章"申请人须知"前附表第9.1.2项定义的范围填写。

2. 合同履行情况主要是申请人在施工程和近年已竣工工程是否按合同约定的工期、质量、安全等履行合同义务，对未竣工工程合同履行情况还应重点说明非不可抗力原因解除合同(如果有)的原因等具体情况，等等。

1. 近年不良行为记录情况

序号	发生时间	简要情况说明	证明材料索引

2. 在施工程以及近年已竣工工程合同履行情况

序号	工程名称	履约情况说明	证明材料索引

3. 其他
……

(二) 拟投入主要施工机械设备情况表

机械设备名称	型号规格	数量	目前状况	来源	现停放地点	备注

备注："目前状况"应说明已使用年限，是否完好以及目前是否正在使用，"来源"分为"自有"和"市场租赁"两种情况，正在使用中的设备应在"备注"中注明何时能够投入本项目，并提供相关证明材料。

（三）拟投入项目管理人员情况表

姓名	性别	年龄	职称	专业	资格证书编号	拟在本项目中担任的工作或岗位

附1：

项目经理简历表

项目经理应附建造师执业资格证书、注册证书、安全生产考核合格证书、身份证、职称证、学历证、养老保险复印件以及未担任其他在施建设工程项目项目经理的承诺，管理过的项目业绩须附合同协议书和竣工验收备案登记表复印件。类似项目限于以项目经理身份参与的项目。

姓名		年龄		学历	
职称		职务		拟在本工程任职	项目经理
注册建造师资格等级		级		建造师专业	
安全生产考核合格证书					
毕业学校		年毕业于		学校　　　专业	
主要工作经历					
时间	参加过的类似项目名称		工程概况说明		发包人及联系电话

附2：

主要项目管理人员简历表

　　主要项目管理人员指项目副经理、技术负责人、合同商务负责人、专职安全生产管理人员等岗位人员。应附注册资格证书、身份证、职称证、学历证、养老保险复印件，专职安全生产管理人员应附有效的安全生产考核合格证书，主要业绩须附合同协议书。

岗位名称			
姓　　名		年　　龄	
性　　别		毕业学校	
学历和专业		毕业时间	
拥有的执业资格		专业职称	
执业资格证书编号		工作年限	
主要工作业绩及担任的主要工作			

附3：

承 诺 书

_____（招标人名称）：

　　我方在此声明，我方拟派往_____（项目名称）_____标段的项目经理_____（项目经理姓名）现阶段没有担任任何在施建设工程项目的项目经理。

　　我方保证上述信息的真实和准确，并愿意承担因我方就此弄虚作假所引起的一切法律后果。

　　特此承诺

申请人：_____（盖单位章）

法定代表人或其委托代理人_____（签字）

_____年_____月_____日

(四) 其他

第五章 项目建设概况

一、项目说明

二、建设条件

三、建设要求

四、其他需要说明的情况